Home decoration style

American style

家居装饰风格3000例

美式风格

李江军 编

中国电力出版社
CHINA ELECTRIC POWER PRESS

内容提要

《家居装饰风格 3000 例》系列共四册，分别是国内目前应用最广的四类风格，即《现代简约》《禅意中式》《美式风格》《经典欧式》。书中从风格要素、材料运用、色彩美学、软装搭配四个方面进行了广泛而深入地剖析，3000 个图片案例帮助读者真正了解并区分每种风格的设计要点，然后将硬装特征和软装要素牢记在心，通过系统学习达到能力的提升，进而举一反三，融会贯通。

图书在版编目（CIP）数据

家居装饰风格3000例. 美式风格 / 李江军编. -- 北京 : 中国电力出版社, 2019.1
ISBN 978-7-5198-2547-8

Ⅰ. ①家… Ⅱ. ①李… Ⅲ. ①住宅－室内装饰设计－图集 Ⅳ. ①TU241-64

中国版本图书馆CIP数据核字（2018）第243328号

出版发行：中国电力出版社
地　　址：北京市东城区北京站西街19号（邮政编码100005）
网　　址：http://www.cepp.sgcc.com.cn
责任编辑：曹　巍（010-63412609）
责任校对：黄　蓓　太兴华　常燕昆
责任印制：杨晓东

印　　刷：北京盛通印刷股份有限公司
版　　次：2019年1月第一版
印　　次：2019年1月北京第一次印刷
开　　本：889毫米×1194毫米　16开本
印　　张：9
字　　数：271千字
定　　价：39.80元

foreword

前言

人们的生活习惯及审美观点各不相同，装修也会跟随业主的偏好不同而有所差异。在设计越来越被重视并不断发展的今天，越来越多的装修风格被发展出来，每一种风格都有各自的特点和适合的人群，对于初次做装修的业主来说，首先围绕着他们的问题就是装修应该选什么风格。缘此，本书精选人气室内设计师最新家居案例，把代表当今设计界高水平的作品按当下流行的风格分门别类，方便读者检索查找。丛书共分为《现代简约》《禅意中式》《美式风格》《经典欧式》四个分册。

现代简约风格的特点是将设计的元素、色彩、照明、原材料简化到最少的程度，但对色彩、材料的质感要求很高。在当今的室内装饰中，现代简约风格是非常受欢迎的。因为简约的线条、着重功能的设计最能符合现代人的生活要求。而且简约风格并不是在家中简简单单地摆放家具，而是通过材质、线条、光影的变化呈现出空间质感。

禅意中式风格常给人以历史延续和地域文脉的感受，它使室内环境凸显了传统文化特征。但是中式风格并非完全意义上的复古明清，而是通过中国古典室内风格的特征，表达对清雅含蓄、端庄风华的东方式精神的追求。

美式风格非常重视生活的自然舒适性，充分显现出乡村的质朴特征，原木、藤编与铸铁材质都是美式乡村中常见的素材，经常使用于空间硬装、家具或灯饰上，在地面颜色上，多选用橡木色或者棕褐色，使用带有肌理感的复合地板。

经典欧式风格包括巴洛克风格、洛可可风格、简欧风格、新古典风格等。巴洛克风格色彩浓艳，装饰强烈；洛可可风格纤巧、华美、富丽；简欧风格显得清新自然；新古典风格传承了欧式古典风格的文化底蕴、历史美感及艺术气息，同时将繁复的装饰凝练得更为简洁典雅。

本书的特点是参考价值高，不仅对四个广受欢迎的设计风格进行了深度剖析，而且海量的最新案例可以直接作为设计师日常方案设计的借鉴。此外，本书的内容通俗易懂，摒弃了传统风格类图书诸多枯燥的理论，以图文形式给读者上了一堂颇具深度的装饰课。不仅可成为室内设计工作者的案头书，同时对装修业主选择适合自己的装修风格同样具有重要的参考和借鉴作用。

编　者

CONTENTS 目录

客厅

HOME 美式风格

Decorate 装修课堂 classroom

现代美式风格家居设计要点

现代美式风格随着时代的发展应运而生，其家居设计极具包容性，在保留传统美式历史感的同时，还融入了现代元素和后工业时代的设计手法，因此常常呈现出一种冲突的美感。在现代美式风格中，一般搭配简洁、现代感较强的家具；在家具材质上，以金属、皮革、塑料、木质、石材、玻璃等为主；在饰品的搭配上，可以选择一些富有个性或现代感的工艺品。

木饰面板 ⊕ 仿古砖斜铺地面 ⊕ 波打线

仿石材地砖 ⊕ 花鸟图案墙纸

石膏板吊顶 ⊕ 仿古砖地面 ⊕ 彩色乳胶漆墙面

石膏板装饰梁 ⊕ 大理石造型电视墙 ⊕ 白色木质罗马柱

设计 Design

在美式风格的客厅中，仿古砖地面的铺设方式有很多种，用得最多的是 600mm×600mm 规格的地砖斜铺带角花。此外，还可以将四种规格的砖围绕一块砖来铺设，神似风车，极富动感和设计感。

Tips

仿古砖铺设地面时要事先确定好所用砖的尺寸，然后需要提前做好地面铺砖图，把一些碎砖留在家具的底部，最大限度地提升铺设效果。

石膏板吊顶 ● 仿古砖地面

彩色乳胶漆 ● 花鸟图案墙纸

大理石壁炉造型 ● 彩色乳胶漆 ● 文化砖墙面

彩色乳胶漆 ● 大理石壁炉造型

Decorate 装修课堂 classroom

石膏板装饰梁 ◆ 白色护墙板

古典美式风格家居的搭配特征

古典美式风格植根于欧洲文化，同时结合美国自身的文化特点，在家具、材质以及色彩上都表现出了典雅的质感和年代感。在色彩搭配上，常以深色为主要基调，并且用色较为统一。古典美式风格讲究空间格局的平衡，其客厅设计通常会以壁炉为中心。在软装搭配上，虽然没有古典欧式的极尽奢华，但也有着美式风格独有的典雅与庄重。

装饰木梁 ◆ 大理石壁炉造型 ◆ 文化砖凹凸铺贴

墙纸 ◆ 仿古八角砖 ◆ 彩色乳胶漆

木饰面板 ◆ 墙纸

设计 Design

蓝色是现代美式风格中较为常用的一种色彩搭配，并且通常与白色、米色等淡色系色彩相互穿插使用，清雅的蓝色不仅对空间的包容性高，而且能为美式家居带来舒适的清新感。

Tips

蓝色作为家居配色时，可以使用明度较高的色调，同时在家具或者地面上将明度降低，这样的配色效果最佳，而且不影响空间的色彩平衡。

灰色乳胶漆 ⊕ 白色护墙板 ⊕ 石膏板吊顶

墙纸 ⊕ 木线条装饰框

墙纸 ⊕ 装饰挂画

石膏板吊顶 ⊕ 彩色乳胶漆 ⊕ 墙纸

Decorate 装修课堂 classroom

多层吊顶丰富顶面空间层次感

在美式风格的家居空间中，常会将吊顶设计成两到三层的造型，这样不仅能有效地减轻顶面空间的视觉压力，而且还能与典雅的美式家具形成呼应。此外，还可以在吊顶上设计反光灯槽来增强顶面空间的延伸感，或者在顶面制作石膏板装饰造型，使顶面空间的视觉更富有层次感。

布艺软包 ⊕ 彩色乳胶漆 ⊕ 白色护墙板

木地板上墙 ⊕ 仿古八角砖

墙纸 ⊕ 仿石材墙砖

杉木板吊顶刷白 ⊕ 嵌入式展示柜 ⊕ 彩色乳胶漆

花鸟图案墙纸 ⊕ 木纹地砖

白色护墙板 ⊕ 墙纸

Design

美式乡村风格似乎天生就适合用来怀旧，空间里常出现自然、经典还有斑驳老旧的软装元素，如家具、装饰品及灯饰等。复古陈旧的家具搭配，似乎能让时光倒流，让生活慢下来。

Tips

美式乡村风格的房子一般很少出现硬直的线条。拱形的垭口、窗及门，可以让空间显得更为柔和浪漫，并能营造出田园的舒适和宁静。

石膏板吊顶 ⊕ 彩色乳胶漆 ⊕ 大理石壁炉造型

花鸟图案墙纸 ⊕ 白色护墙板 ⊕ 仿古砖地面

彩色乳胶漆 ⊕ 白色木线条装饰框 ⊕ 白色木质造型电视墙

Decorate 装修课堂 classroom

设计墙裙提升美式空间层次感

在美式风格中如果在餐厅设置了卡座，则可以考虑搭配墙裙的设计，这样做不仅有很强的装饰作用，而且还能让餐厅空间更具层次感。此外，在客厅或者卧室的位置，可以充分地利用护墙板的样式来设计墙裙，再加上与墙纸的合理搭配，能带给家居更多的新意，也能让生活更加的温馨和舒适。

石膏板吊顶 ● 白色护墙板 ● 仿古砖地面

墙纸 ● 白色木饰面板装饰框

石膏板吊顶 ● 彩色乳胶漆 ● 石膏罗马柱

石膏板吊顶暗藏灯带 ● 彩色乳胶漆 ● 照片墙

彩色乳胶漆 ● 木饰面板 ● 拼花木地板

在美式风格的家居中，会同时用到很多深色的家具，而这时墙面的色调就要以浅色为主，才不会让整个空间变得沉闷。为了防止室内色彩过于单调，可以适当地在软装上搭配一些同一色系的布艺来活跃整个空间。

石膏壁炉造型 ● 白色护墙板 ● 仿古砖地面

Tips

当空间中出现大范围的深色搭配时，可以适当地搭配浅色元素作为点缀，以缓和过于沉重的空间感，除此之外也提升了家居空间配色的灵活性。

石膏板吊顶暗藏灯带 ● 木饰面板 ● 布艺软包

石膏板吊顶暗藏灯带 ● 白色木线条装饰框 ● 墙纸

石膏板吊顶暗藏灯带 ● 彩色乳胶漆

仿古砖拼花地面 ● 硅藻泥 ● 顶面装饰木梁

石膏板吊顶暗藏灯带 ● 玻化砖 ● 波打线

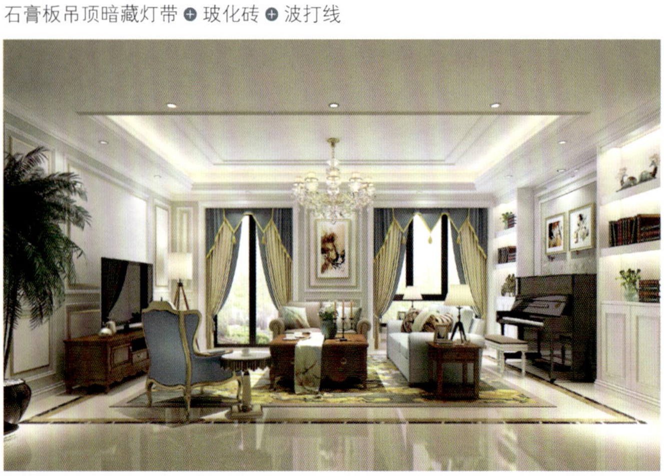

硅藻泥电视墙 ● 仿古砖斜铺地面

设计 Design

美式风格的家居空间通常会搭配适量天然木质材料，以增添家居环境的自然氛围。木梁是美式风格中非常常见的顶面装饰，除此之外，天然的木质材料造型大方典雅，决不浮夸跳跃，与美式风格的家居装饰特色相得益彰。

Tips

装饰木梁可以通过工厂定制和现场制作来实现。工厂定制的做工更精细，表面油漆质感相对比较好，但费用略高；现场制作的工序复杂但价格相对实惠。造型和配色相对简单的木梁，可以考虑现场制作。

石膏板吊顶 ● 仿古砖地面 ● 硅藻泥墙面

彩色乳胶漆 ● 花鸟图案墙纸 ● 白色护墙板

石膏板吊顶暗藏灯带 ● 硅藻泥墙面

装修课堂

Decorate classroom

文化砖装点古雅自然的美式家居

在美式风格的空间里运用文化砖时，应根据墙面的大小来选择文化砖的式样及大小，大面积墙面文化砖尽量选择大块的，相反则选择小一点的，面积上的相互协调能带来更为明显的装饰效果。虽然文化砖能体现出美式风格空间典雅自然的气质，但在使用时适合以局部点缀为主，忌大面积铺贴。

石膏板吊顶 ⊕ 拼花地砖

生态木吊顶 ⊕ 墙纸 ⊕ 玻化砖地面

文化砖电视墙 ⊕ 仿古砖地面 ⊕ 白色护墙板

拼花地砖 ⊕ 皮质硬包 ⊕ 深啡网纹大理石装饰框

设计 Design

美式风格客厅空间的沙发在造型上通常采用包围式的设计，并且非常注重使用时的舒适感，不管是圆形的扶手还是拱形的靠背，都表达出一种自由、实用及舒适的效果。

Tips

美式风格的部分家具在家具腿部处理上，借鉴了传统欧式风格的设计手法，采用兽腿形式或者弯曲等造型。而且喜欢使用一些简化的卷草纹造型，制造出温馨的家居氛围。

石膏浮雕 ⊕ 大理石壁炉 ⊕ 定制书柜

墙纸 ⊕ 白色护墙板

石膏板吊顶 ⊕ 文化石背景墙 ⊕ 大理石壁炉造型

Decorate 装修课堂 classroom

富有怀旧情愫的仿古砖

仿古砖是从彩釉砖演变而来的有釉装饰砖，是瓷砖中兴起的一个新品种。仿古砖有着品种多、花色丰富、规格齐全、防滑、防污的优点，通过款式和其功能作用的不同可以将仿古砖分为单色砖和花砖两种。单色砖主要用于大面积铺装，而花砖一般用于局部点缀装饰。由于美式风格具有古典怀旧的特点，因此非常适合铺贴仿古砖，其中以客厅、卫浴间、厨房、阳台区域地面和墙面铺贴最为常见。

石膏板吊顶 ● 彩色乳胶漆 ● 白色护墙板

墙纸 ● 木线条装饰框 ● 皮质软包电视墙

白色木线条装饰框 ● 墙纸 ● 波打线

彩色乳胶漆 ● 白色护墙板

大理石壁炉 ● 麋鹿头墙饰 ● 白色护墙板

设计 Design

软装设计对于美式风格来说有着至关重要的作用，看似随意的靠枕，茶几上几件简单的摆件，墙上几幅大小不一的画框，无不是经过精心搭配而成。此外，茶几上、柜子上、沙发旁等都是陈设饰品摆件的好地方。

Tips

在美式风格中植物通常不需要经过精心的设计及摆放。往往随意地将一束花放在花瓶里就可以体现出美式风格自然朴实、不拘小节的装饰特点。

彩色乳胶漆 ⊕ 仿古砖夹小花地砖 ⊕ 白色木线条装饰框

墙纸 ⊕ 石膏壁炉 ⊕ 石膏装饰梁

石膏板吊顶暗藏灯带 ⊕ 花鸟图案墙纸

墙纸 ⊕ 树脂墙饰

彩色乳胶漆 ⊕ 白色护墙板 ⊕ 仿古八角砖

杉木板吊顶 ⊕ 彩色乳胶漆 ⊕ 仿古砖斜铺

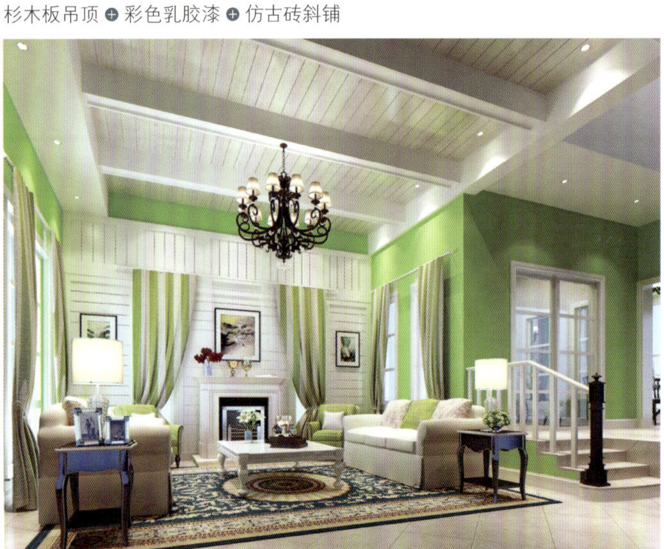

设计 Design

美式风格的家居色彩搭配通常以自然色调为主，特别是在墙面色彩选择上，自然、怀旧以及散发着稳重气息的色彩是最佳的选择。如绿色、土黄色、原木色等代表自然的色彩在美式风格的家居中都较为常见。

Tips

在美式风格中，很难看到明度比较高的色彩，不管是浅色还是暗色，都不会给人视觉上的冲击感。如客厅墙面自然温润的绿色，以及黄色的窗帘，都给人带来了自然且稳重的观感。

设计 Design

美式沙发的宽大和柔软，让客厅空间显得更为舒适惬意，并且其与靠枕、地毯、茶几以及电视柜交织在一起，形成极为统一大方的空间格调，再加上饰品和装饰画的点缀，将客厅空间的氛围打造得更为优雅时尚。

墙纸 ● 仿古砖地面

Tips

美式风格客厅空间无需繁复的雕饰，绚丽的色彩，通常只需搭配体量宽厚的软体沙发，再点缀以少量的软装及饰品，以及淡雅与柔和的配色就能让空间显得自由温馨。

墙纸 ● 木饰面板装饰框 ● 仿古八角砖

墙纸 ● 灰色护墙板

石膏板装饰梁 ● 彩色乳胶漆 ● 白色护墙板

Decorate 装修课堂 classroom

美式家居的灯饰搭配要领

美式风格家居对于灯饰的搭配局限较小，但要注意不可过于繁复。美式风格的灯具一般选择陶瓷、铁艺、铜、水晶等材质，并常用古铜色、黑色铸铁和铜质为构架。美式风格的灯具虽然注重古典情怀，并且是在吸收了欧式风格甚至是地中海风格特点的基础上演变而来的，但在造型上相对简约，外观简洁大方，更注重休闲和舒适，展现出了低调的贵族气质。

木饰面板 ⊕ 文化石电视墙

石膏浮雕 ⊕ 彩色乳胶漆 ⊕ 照片墙

墙纸 ⊕ 布艺软包 ⊕ 仿石材地砖

彩色乳胶漆 ⊕ 石膏板吊顶 ⊕ 木地板

设计 Design

在现代美式风格的空间中，通常会选择使用偏现代风格的墙纸。这样做整体所带来的视觉效果不会过于繁冗奢华，不仅会呈现出清新而典雅的感觉，而且可以给空间带来更多的现代时尚感。

Tips

现代美式风格的墙纸很容易搭配家居中的其他装饰元素。如搭配现代风格的装饰挂画，可以很好地展现出现代美式风格的时尚感和设计感。

石膏板吊顶暗藏灯带 ⊕ 玻化砖 ⊕ 波打线

彩色乳胶漆 ⊕ 仿古砖地面

白色护墙板 ⊕ 文化砖 ⊕ 石膏壁炉

美式风格的家居空间中，常常会使用大量深色的实木家具，其风格偏向古典欧式。而且家具表面通常会特意保留树木成长过程中的树瘤与蛀孔，并以手工做旧的形式制造岁月流逝的痕迹。

Tips

美式乡村风格的沙发材质可以是布艺的，也可以是纯皮的，还可以两者结合。地道的美式纯皮沙发往往会用到铆钉工艺，使其极具气质。

石膏板吊顶暗藏灯带 ⊕ 墙纸 ⊕ 白色护墙板

石膏板造型刷彩色乳胶漆 ⊕ 壁龛 ⊕ 仿古八角砖

墙纸 ⊕ 白色护墙板 ⊕ 仿古砖地面

在美式风格的客厅空间采用不同色系、不同风格的沙发组合，能营造出别具一格的空间氛围。独特的搭配形式打破了客厅空间一成不变的刻板格局，并且完美地诠释了美式风格追求自由、随性的独特气质。

白色护墙板 ● 彩色乳胶漆

彩色乳胶漆 ● 墙纸 ● 仿古砖斜铺

Tips

将不同风格的沙发放置在同一个功能区，需要在某些方面有些呼应或联系，比如沙发的某个细节是一样的，或者沙发上的靠垫可以互相补充。此外，还可以将沙发上的色彩与客厅中的色彩形成关联。

装修课堂 Decorate classroom

简约随性的现代美式家具

现代美式家具油漆以单一色为主，材质上一般选用胡桃木、核桃木、樱桃木、牛皮、锦缎等。强调木质自身的纹理美，不大面积使用雕刻，而是在家具上的边脚、腿部等处做小幅度雕饰。简约也是当下美式风格中非常流行的元素，极简的设计不但保留了它该有的功能，而且极富个性，诠释了美式风格简单、随性的特点。

彩色乳胶漆 ⊕ 白色木线条装饰框 ⊕ 拼花地砖

墙纸 ⊕ 拼花木地板 ⊕ 大理石罗马柱

布艺硬包电视墙 ⊕ 白色护墙板

玻化砖电视墙 ⊕ 白色护墙板 ⊕ 墙纸

硅藻泥墙面 ⊕ 花鸟图案墙纸

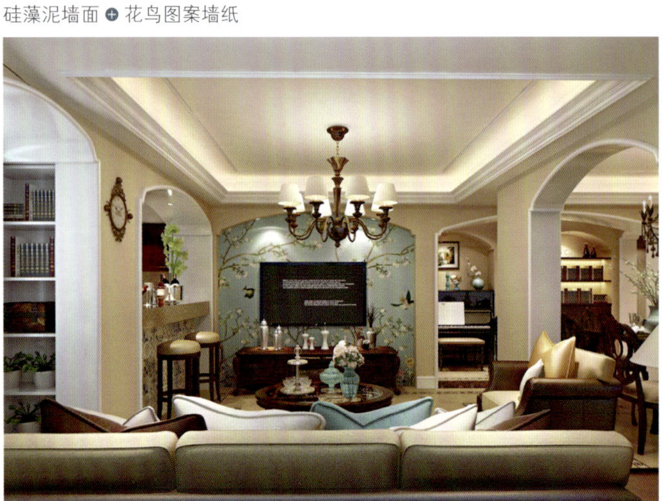

墙纸 ⊕ 文化石电视墙

在美式客厅的墙面设置搁板可以营造出浓郁的生活气息，同时还能增加空间的层次感。此外，搁板上还可以放置一些饰品摆件，以及生活小物件，在增强装饰效果的同时还能提升客厅空间的收纳能力。

Tips

如果选择使用成品搁板，在装修时一定要提前考虑好所需要的款型和尺寸，要留下足够的空间来安装搁板。此外，同一面墙上的搁板不能太多，而且搁板上放置的物品也不能过于杂乱，以免在视觉上造成混乱。

白色护墙板 ⊕ 墙纸 ⊕ 硅藻泥墙面

照片墙 ⊕ 仿古砖地面 ⊕ 小方砖波打线

墙面搁板 ⊕ 墙纸 ⊕ 石膏板造型刷乳胶漆

彩色乳胶漆 ⊕ 白色护墙板 ⊕ 拼花木地板

木地板上墙 ⊕ 彩色乳胶漆

石膏板吊顶 ⊕ 灰色乳胶漆 ⊕ 美式皮质沙发

彩色乳胶漆 ⊕ 照片墙 ⊕ 仿古八角砖

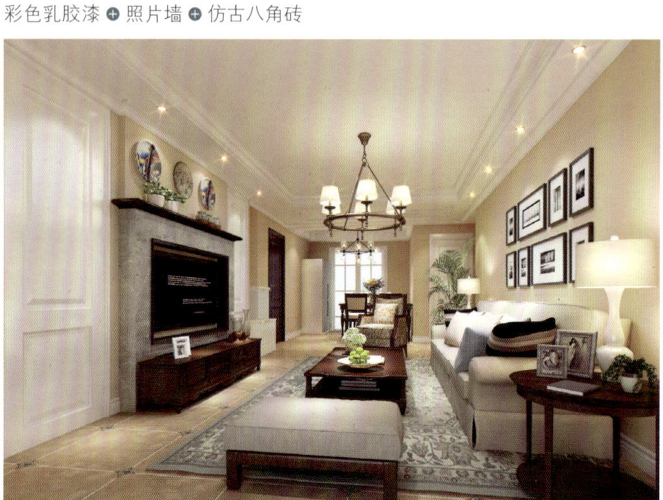

文化石壁炉造型 ⊕ 仿古八角砖 ⊕ 彩色乳胶漆

石膏板装饰梁 ⊕ 灰色乳胶漆 ⊕ 大理石壁炉

美式乡村风格的地面一般会选用哑光地砖进行铺贴，并常用灰色填缝剂勾勒出地面线条，再配上深色的窗帘和布艺沙发，巧妙地将空间里的色彩进行完美的融合，使之呈现出自然、舒适的视觉效果。

Tips

目前常用的填缝剂主要分为水泥基填缝剂和反应型树脂填缝剂。为提高抗裂性、耐磨性，填缝剂都需加石英砂，对细缝和无缝砖要用超细石英砂作为填缝剂所使用的材料，而仿古砖或留宽缝的场合则适合使用粗砂做的填缝剂。

大理石拼花电视墙 ⊕ 白色护墙板

雨林棕大理石 ⊕ 灰蓝色护墙板

硅藻泥墙面 ⊕ 装饰壁龛

简朴精致的现代美式沙发

现代美式沙发以其简洁、明晰的线条和得体有度的装饰深得现代人的青睐，朴素而不失精致是它的特色所在。现代美式沙发在色彩的选用上以清爽、舒适的自然色调为主，讲究朴实的设计线条。不强调创意，而是倾向亲切的居家风格，并在材质上强调环保，比如使用的抗菌的面料等。

杉木板吊顶刷白 ⊕ 装饰木梁 ⊕ 硅藻泥墙面

大理石电视墙 ⊕ 仿古砖斜铺

石膏板吊顶暗藏灯带 ⊕ 墙纸 ⊕ 波打线

墙面搁板 ⊕ 墙纸 ⊕ 照片墙

Design

美式乡村风格倡导回归自然的空间设计形式，将文化石运用在电视背景墙上，不仅自然朴素，而且与美式乡村风格所追求的装饰理念相得益彰。沙发背景墙上的装饰挂画，不仅起到了暖化空间的作用，而且还成为客厅空间亮眼的点缀。

Tips

相对于常见的家居墙面，石材墙面具有质地粗糙、光线反射率低的特点，其表现出来的自然气质，在形成视觉冲击的同时，更能带来怀旧和沧桑的复古风情。

白色护墙板 ⊕ 墙纸 ⊕ 玻化砖地面

布艺软包 ⊕ 白色护墙板 ⊕ 彩色乳胶漆

墙纸 ⊕ 白色护墙板

墙纸 ⊕ 彩色乳胶漆

Decorate 装修课堂 classroom

粗犷造型的传统美式家具

传统美式家具为了顺应美国居家空间大与讲究舒适的特点，给人的感觉大多都很粗犷，皮质沙发、四柱床等都是经常用到的。传统美式家具的尺寸比较大，但是实用性都非常强，如果居室面积不够宽裕，可选择经过改良、以简约为特点的现代美式家具，以符合实际空间的使用比例，达到协调空间、增加居住舒适性的效果。

墙纸 ⊕ 白色护墙板 ⊕ 大理石壁炉造型

墙纸 ⊕ 石膏板造型刷乳胶漆 ⊕ 仿古八角砖

墙纸 ⊕ 白色护墙板 ⊕ 石膏壁炉

彩色乳胶漆 ⊕ 白色护墙板

墙纸 ⊕ 仿石材地砖 ⊕ 绿植装饰

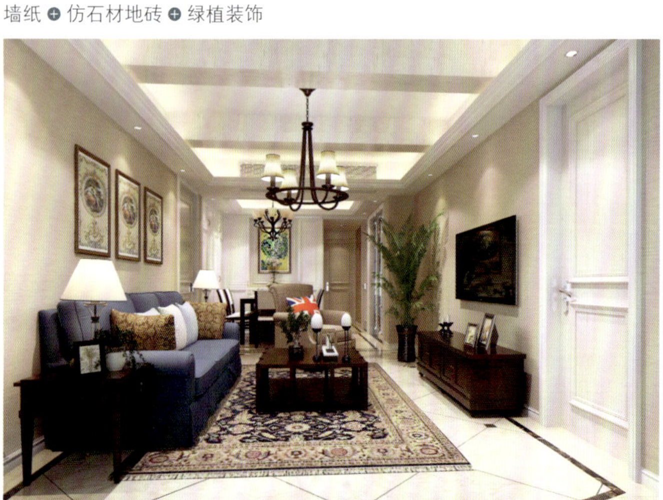

墙纸 ⊕ 木线条装饰框

实木材质是美式风格中的经典搭配，在地面用材上也是如此。干净简洁的实木地板，相对于瓷砖来说，能使美式风格的空间呈现出更为直观的亲切感，而其自然流淌的花纹拼接，能呈现出丰富多变的家居空间。

大理石壁炉造型 ⊕ 白色护墙板

墙纸 ⊕ 白色护墙板

Tips

由于实木地板原材料来源于天然木材，因此存在一些节疤是不可避免的，但节疤的数量过多，也会影响地面的整体观感。

文化石电视墙 ⊕ 石膏顶角线

Decorate 装修课堂 classroom

传统美式沙发的造型特点

在沙发造型上，美式风格沙发多采用包围式结构，注重使用时的舒适感，而且不管是圆形的扶手还是拱形的靠背，都展现出了慵懒且实用的风格特点。此外，美式风格在一些家具的腿部处理上，常常会借鉴欧式古典家具的特点，如采用兽腿形式或者弯曲造型等，为美式风格的家居空间带来古典华贵的气质。

墙纸 ⊕ 石膏罗马柱 ⊕ 仿古砖地面

硅藻泥墙面 ⊕ 大理石壁炉

硅藻泥墙面 ⊕ 仿石材墙砖

墙纸 ⊕ 白色护墙板

设计 Design

美式风格在家具的搭配上，可以直观地展现出对历史的怀旧情怀，同时又有着极强的个性，表达出了美国人对于自由的追求。此外，美式家具还崇尚创新的精神，因此其不会随着时间的流逝而被淘汰。

Tips

美式家具在设计风格上极具包容性，并且在使用效用上追求实用、舒适，贴近大自然，因此有着非常强烈的亲切感。

石膏板装饰梁 ● 墙纸 ● 定制书柜

墙纸 ● 仿古砖地面

大理石壁炉 ● 墙纸 ● 拼花地砖

Decorate
装修课堂
classroom

传承美国传统文化的壁炉元素

壁炉对于美式风格来说是一个极为经典并富有传统文化内涵的装饰元素。美国早期的家庭生活通常是围绕壁炉展开的，因此壁炉对于美国人的意义不言而喻。时至今日，壁炉已经成为美式风格家居中的一个装饰符号，代表着美国传统文化的传承。

装饰木梁 ⊕ 文化石 ⊕ 彩色乳胶漆

彩色乳胶漆 ⊕ 花鸟图案墙纸 ⊕ 铆钉装饰布艺硬包

装饰木梁 ⊕ 文化石电视墙 ⊕ 墙纸

彩色乳胶漆 ⊕ 石膏板吊顶暗藏灯带

石膏板吊顶暗藏灯带 ⊕ 墙纸 ⊕ 实木护墙板

灰色乳胶漆 ⊕ 绿植装饰

美式新古典风格适合搭配水晶灯或铜制的金属灯饰，以带来复古典雅的空间气质。水晶材质晶莹剔透，可以提亮居室的整体色调；而线条细腻、造型丰富的全铜制落地灯，则易于营造典雅大气的氛围。

Tips

美式风格对于灯饰的搭配局限较小，但需要注意的是灯饰的造型不可过于繁复，因为美式风格家居的装饰精髓在于摒弃复杂，并崇尚自然、随性的生活方式。

铆钉装饰布艺硬包 ● 艺术墙纸 ● 拼花地砖

大理石壁炉 ● 白色护墙板 ● 拼花木地板

白色护墙板 ● 灰色乳胶漆 ● 仿石材地砖

设计 Design

壁炉是美式风格客厅必不可少的元素，而且壁炉已经成为美国的家庭象征和家庭的活动中心。此外，合理巧妙地搭配一些小摆件可以给壁炉增色不少，壁炉周围的大型装饰要尽量简单，比如油画、镜子等要精而少。

Tips

壁炉上放置的花瓶、蜡烛及相框等小物件应少而精。此外，可在壁炉旁边适当的装饰一些落地摆件，如果盘、花瓶及不生火时放置一些木柴等都能营造出温馨舒适的家居氛围。

花鸟图案墙纸 ⊕ 仿古砖地面

彩色乳胶漆 ⊕ 仿古砖地面

定制收纳柜 ⊕ 大理石踢脚线 ⊕ 彩色乳胶漆

布艺硬包电视墙 ⊕ 仿古砖地面 ⊕ 花砖波打线

过道

HOME 美式风格

Decorate 装修课堂 classroom

美式风格玄关柜的选择要点

美式风格玄关过道设计以实用舒适为重点。颜色大方、造型典雅的玄关柜是体现自由、随意的最佳选择。为避免空间显得局促、拥挤，过道玄关柜的装饰物件不宜过多，而且最好能与整体空间风格相协调。在美式风格的家居中，玄关柜不必精致，甚至些许“瑕疵”都是可以允许的，如做旧的柜体、斑驳的漆面等，这些陈旧的元素恰恰体现出了美式风格的自然与淳朴。

文化石墙面 ⊕ 装饰挂镜

墙纸 ⊕ 照片墙 ⊕ 仿古八角砖

彩色乳胶漆 ⊕ 嵌入式收纳柜

彩色乳胶漆 ⊕ 仿古砖地面

设计 Design

在美式风格的过道背景尽头设计壁龛，不仅不会占用过道空间，而且还使墙面具备更好的装饰表现，同时还带来了一定的收纳功能。摆上一些饰品摆件，再结合灯光照明可以使壁龛造型更加突出，从而达到营造视觉焦点的目的。

Tips

设置壁龛时要特别注意墙身结构的安全问题，而且设置壁龛的墙面一般不能使用墙纸进行铺贴，而应尽量选用乳胶漆或者硅藻泥材质进行饰面，以达到最佳的整体感。

彩色乳胶漆 ⊕ 组合式玄关柜

白色护墙板 ⊕ 装饰挂画

墙纸 ⊕ 定制玄关柜

鹿头造型墙面挂钩 ⊕ 拼花地砖

彩色乳胶漆 ⊕ 拼花地砖

石膏板吊顶暗藏灯带 ⊕ 玻化砖夹深色小砖斜铺

设计Design

在美式风格的过道尽头设置端景墙，不仅能改变过道空间的氛围，而且还能掩盖原有空间的单调感。此外，配上花瓶或工艺品，都能为过道空间带来大方美观的装饰感。

Tips

美式风格过道空间的装饰设计除了饰品外，手绘风景画或墙纸也是不错的选择，其不仅不占用地方，而且别有一番风情。此外，悬挂一幅大小适宜的装饰画，也能很好地提升过道空间的艺术气息。

墙纸 ● 石膏板吊顶

组合装饰挂画 ● 木质护栏

Decorate
装修课堂
classroom

美式挂钟的搭配要领

美式风格的墙面常常会搭配各种挂件装饰，其中以挂钟较为多见。美式挂钟以做旧工艺的铁艺挂钟和复古原木挂钟为主，在颜色的选择上较为广泛，如墨绿色、黑色、暗红色、蓝色等，钟面以斑驳木版画、世界地图等复古风格画纸装饰，挂钟边框采用手工打磨做旧，规格多样，造型也不拘于传统的圆形或方形。

墙纸 ⊕ 玻化砖斜铺 ⊕ 波打线

定制玄关柜 ⊕ 仿古砖地面

石膏板吊顶 ⊕ 硅藻泥墙面

彩色乳胶漆 ⊕ 石膏顶角线

设计 Design

在美式风格的家居设计中，拱形或圆形门洞是非常常见的设计形式。圆润的造型舒缓了美式风格厚重的空间氛围，带来了更为舒适、柔和的家居气氛。

Tips

如需现场制作拱形或圆形门洞，建议用木工板搭框架，水泥现浇后抹圆，这样的门洞既美观又牢固，并且不容易产生裂缝。如果采用石膏板框架，用油漆腻子抹圆，圆弧的边角相对生硬，也容易与老的墙面产生裂缝。

灰蓝色护墙板 ⊕ 拼花木地板

文化石背景墙 ⊕ 玻化砖 ⊕ 拼花地砖

定制收纳柜 ⊕ 马赛克墙面

木质顶角线 ⊕ 非洲花梨木踏步

墙纸 ⊕ 装饰挂镜

文化砖铺贴造型 ⊕ 仿古砖地面

彩色乳胶漆 ⊕ 玻璃隔断

设计 Design

在玄关墙面上设计一幅自然优雅的壁画，能让狭小的空间在视觉上形成延伸感。由于绘画内容是风景元素，因此可以增添空间的自然气息，而且还能产生置身于画中的美妙感觉。

Tips

壁画是玄关墙面装饰常用的设计手法，由于壁画的内容丰富多彩，可以根据整体空间的风格以及大小来选择画面的内容，因此其不仅装饰效果好，而且还非常具有灵活性。

彩色乳胶漆墙面 ⊕ 照片墙

墙纸 ⊕ 装饰挂画 ⊕ 仿古砖地面

硅藻泥墙面 ⊕ 木饰面板装饰框 ⊕ 拼花地砖

Decorate 装修课堂 classroom

内嵌式柜体解放美式家居空间

由于传统美式风格的家具体量一般都较大，摆放在家居内通常会占用很多面积，因此如果是户型较小的美式家居，可以考虑将柜体嵌入墙内。这样的设计不仅节约了空间，让家居环境看起来更为规整，而且还可以在其间陈列装饰品，以达到装饰收纳的效果。

装饰木梁 ⊕ 仿古砖夹小花地面 ⊕ 硅藻泥墙面

装饰挂盘 ⊕ 大理石踢脚线

木饰面板 ⊕ 墙纸 ⊕ 实木地板

白色护墙板 ⊕ 拼花木地板

硅藻泥墙面 ⊕ 照片墙 ⊕ 拼花木地板

简约也是当下美式风格中非常流行的元素，现代美式风格的玄关设计也没有将这一点抛弃。极简的设计不但保留了玄关空间该有的功能，而且极富个性，完美地诠释了现代美式风格简单随性的特点。

Tips

简单的玄关设计，让进门空间显得更加宽大，因此非常适合运用于小面积的美式风格空间。适量地点缀小面积的装饰，还能营造出简约但不简单的空间气质。

嵌入式展示柜 ● 彩色乳胶漆

石膏板吊顶暗藏灯带 ● 木质垭口

照片墙 ● 实木地板

石膏板吊顶 ◆ 定制收纳柜 ◆ 仿石材地砖

质感漆墙面 ◆ 墙面壁龛

木质护栏 ◆ 实木踏步

石膏板吊顶 ◆ 硅藻泥墙面 ◆ 仿古八角砖

设计 Design

过道一般选用一深一浅的两种颜色，显得主次分明。但注意不可选用对比太过强烈的颜色，这样会使过道突兀感太强，空间感局促。

Tips

过道空间的灯光搭配也很关键。过道的采光相对较弱，因此建议采用并排的嵌入式筒灯，在提亮空间亮度的同时，也能让墙面颜色的饱和度降低。

木质护墙板 ⊕ 彩色乳胶漆 ⊕ 定制收纳柜

定制墙面展示柜 ⊕ 铁艺护栏

装饰挂镜 ⊕ 墙纸 ⊕ 白色木质顶角线

对于玄关面积较大的美式风格家居来说，除了主灯的设置外，还需要其他灯具来辅助主灯，以提供一些辅助性光源来提升玄关空间的整体装饰效果。

装饰木梁 ⊕ 彩色乳胶漆 ⊕ 照片墙

石膏板吊顶 ⊕ 墙纸 ⊕ 仿古砖地面

石膏板挂边 ⊕ 墙纸 ⊕ 彩色乳胶漆

Tips

玄关区域的辅助性灯饰、灯具以聚光灯、射灯为主，设置在光线较弱的玄关位置，如玄关柜以及装饰品的上方，不仅能提供照明效果，而且还能起到一定的装饰作用。

在美式风格中，如果进门空间整体背景环境色较轻，可以考虑采用颜色重一些的玄关柜将整个空间的重心压住，从而形成较好的视觉层次感及稳定感。

彩色乳胶漆 ⊕ 仿古八角砖

Tips

在美式风格的玄关空间选择采用深色的玄关柜，不但能将家具和空间环境很好地融合在一起，而且整体空间的气质也能得到很大程度上的提升。

石膏板吊顶 ⊕ 仿古八角砖 ⊕ 铁艺隔断

石膏板吊顶暗藏灯带 ⊕ 拼花地砖

设计 Design

对于过道较长的美式风格家居，通过将墙面、顶面和地面的工艺装饰造型做到一步一景，不仅能视觉丰富，而且还能让过道空间显得非常有内涵。

石膏板吊顶 ● 白色木线条装饰框 ● 仿古砖地面

墙纸 ● 拼花木地板

Tips

长过道尽量避免单独采用直条型灯带吊顶作为整体照明，因为单独用直条型灯带照明会让整个空间变得非常空洞。因此可以搭配壁灯、嵌入式筒灯等灯饰提升长过道的视觉层次。

卧室

HOME 美式风格

Decorate 装修课堂 classroom

美式乡村风格卧室空间设计要点

美式乡村风格卧室空间最明显的特点就是大气和自然。宽厚的实木板材通常会被用来作为吊顶或地板，并且可常见不经修饰的粗大房屋木梁结构，会呈现出原始的乡村气息。在色彩搭配上，美式乡村风格卧室空间常将大自然中的色彩引用到家居空间中，自然、怀旧以及散发质朴气息的色彩是首选，其中以极具自然气息的深绿色和棕褐色最为常见。

石膏板吊顶暗藏灯带 ● 墙纸

墙纸 ● 装饰挂画

石膏板吊顶 ● 墙纸 ● 实木护墙板

石膏板吊顶 ● 墙纸 ● 装饰挂画

设计 Design

在传统的美式风格中，四柱床是非常具有代表性的家具，不仅能体现出贵族的奢华品位，又能展现精致秀气的柔美感觉。美式四柱床大多体量较大，柱子上常带有老鹰、莨菪叶、贝壳等经典美式雕纹，极富历史感和艺术气息。

Tips

美式四柱床凝聚着无数设计师的奇思妙想，不仅材料丰富，而且还会巧妙地运用雕刻、仿古、镶嵌、拼花等各种工艺，让美式四柱床显得美观多元。

床头布艺硬包 ● 白色护墙板 ● 拼花木地板

墙纸 ● 石膏板挂边

墙纸 ● 白色护墙板

石膏板吊顶暗藏灯带 ● 床头布艺软包

Decorate 装修课堂 classroom

美式风格卧室软装搭配技巧

美式风格的卧室空间设计在强调实用性的同时，非常重视装饰，并且擅于使用各种花饰、挂画等摆件，在卧室空间里表现出华美、舒适、浪漫的气氛。此外，传统美式风格的卧室空间偏爱带有怀旧倾向以及富有历史感的装饰品，因此一些能够反映美国精神的物品也常被用于装饰卧室空间。

石膏雕花顶角线 ⊕ 实木护墙板 ⊕ 床头布艺软包

白色护墙板 ⊕ 床头布艺硬包

石膏浮雕 ⊕ 墙纸 ⊕ 拼花木地板

石膏板挂边 ⊕ 木线条装饰框

石膏板吊顶 ⊕ 墙纸 ⊕ 拼花木地板

设计Design

美式风格的床品在颜色上一般选用米色或者白色等带有柔和气息的色系。在材质的选择上，多会使用绒布，通常也会用棉麻或真丝作为点缀，使整体呈现出来的搭配效果非常温馨、舒适。

Tips

美式床品的花纹多以蔓藤类的枝叶为原型设计，线条的立体感非常强，给人一种欣欣向荣的自然氛围，并展示着时尚自然以及温馨优雅的气质。

灰色乳胶漆 ⊕ 白色木线条装饰框

彩色乳胶漆 ⊕ 装饰挂画

石膏板吊顶暗藏灯带 ⊕ 灰色乳胶漆

装修课堂 Decorate classroom

美式风格布艺搭配要领

布艺是提升家居生活舒适度的重要元素，由于美国人非常注重生活的舒适性，因此在美式风格的家居空间中搭配柔软温和的布艺元素就显得非常有必要了。窗帘在家居空间中占据着较大的视觉比重，因此对营造空间氛围有着至关重要的作用。美式风格的窗帘一般用色沉稳、质感厚实，也可常见一些丝绒面料、提花面料以及印花面料。

墙纸 ⊕ 装饰挂画

墙纸 ⊕ 实木护墙板

石膏板吊顶暗藏灯带 ⊕ 墙纸 ⊕ 不锈钢线条装饰框

木饰面板在美式风格的家居装饰中有着举足轻重的地位。其表面的天然木纹清晰自然、色泽清爽，有着别具风味的装饰效果，并且能衬托出美式家居空间的自然气息。此外，木饰面板还有着结构细腻、耐磨、胀缩率小、抗冲击性好等多种优点。

Tips

在美式风格的家居装修中，木饰面板可做本色处理，以提高它的亮度，也可以根据个人喜好以及空间自身的特点及风格，涂刷适宜的颜色使之与整体空间配色相呼应。

杉木板吊顶刷白 ⊕ 彩色乳胶漆

石膏板吊顶暗藏灯带 ⊕ 墙纸 ⊕ 木线条装饰框

墙纸 ⊕ 装饰挂镜

床头布艺软包 ⊕ 石膏板吊顶

Decorate 装修课堂 classroom

简洁明快的美式窗帘

美式家居在窗帘在选材上十分广泛，印花布、手工纺织的麻织物，都是很好的选择。线条随意但注重干净简练，在外观上突出大气与惬意，以营造自然温馨的、简洁明快的气息。适合美式风格窗帘的纹饰元素有雄鹰、小碎花等，如果觉得大型图案很难驾驭，也可以选择大气的纯色系窗帘，也符合简单随性的美式风格。

木线条走边 ⊕ 花鸟图案墙纸 ⊕ 实木护墙板

石膏板吊顶暗藏灯带 ⊕ 墙纸

彩色乳胶漆 ⊕ 白色木线条装饰框

杉木板吊顶刷白 ⊕ 白色护墙板 ⊕ 拼花木地板

石膏板挂边 ⊕ 定制收纳柜

杉木板吊顶 ● 墙纸 ● 拼花木地板

设计 Design

自然系的配色结合充满生机的装饰图案，让美式风格的卧室空间显得格外清新。浅色的空间主调，温馨柔和，并与略显深沉的原木家具形成呼应。大面积低纯度色彩的使用，确定了整个卧室空间的基调。

石膏板吊顶 ● 墙纸

石膏板吊顶暗藏灯带 ● 彩色乳胶漆

Tips

卧室空间通过不同透明度的反复对比，形成色彩上的跳跃。床头背景墙上的装饰画成为空间里的视觉焦点。对比色的搭配通过合理的过渡不但没有形成视觉冲突，反而无限地拉近了室外美景与室内环境的界限。

Decorate 装修课堂 classroom

极富层次感的拱顶造型

在层高条件允许的情况下，可以将美式风格的家居顶面设计成拱形造型的吊顶。在拱形吊顶的设计中，实木梁的运用极为常见，通常作为拱形吊顶的总体结构，并在其间设计石膏板吊顶。待拱形吊顶整体设计完成后，还可以为其搭配灯光照明，以营造富有层次感的光影效果。

石膏板吊顶暗藏灯带 ⊕ 墙纸

杉木板吊顶刷白 ⊕ 绿色木线条装饰框

实木护墙板 ⊕ 床头布艺软包

硅藻泥墙面 ⊕ 石膏雕花线

设计 Design

浅色和饰以大马士革纹样的墙面为美式风格的卧室空间营造了一个平和、安静的睡眠环境。大体量的单人沙发，实用而舒适。格子图案的床品搭配淡蓝色的绗棉床盖，再点缀黄色、淡蓝色以及白色的靠包，为空间营造出了丰富的变化。

Tips

在卧室搭配线条简单的浅色系装饰画，不仅能为空间增添艺术氛围，让卧室环境不再单调，而且运用浅色系的装饰画不会打破卧室安静的休息氛围。

硅藻泥墙面 ⊕ 床头皮质软包 ⊕ 拼花木地板

墙纸 ⊕ 白色护墙板

彩色乳胶漆 ⊕ 装饰挂盘

Decorate 装修课堂 classroom

极富自然气息的木梁装饰

美式风格家居崇尚回归自然，常用木质横梁作为顶面装饰，比如将实木梁柱高低错落的设计排列，形成“井”字形式的吊顶，配合灯具以及单层或多种装饰线条进行装饰，使得美式风格的顶面造型活泼大方，层次分明，装饰效果非常突出。此外，也可以将实木梁柱平行地排列在吊顶中，起到拓展空间视觉宽度的效果。

墙纸 ⊕ 白色护墙板 ⊕ 杉木板吊顶刷白

彩色乳胶漆 ⊕ 墙纸 ⊕ 杉木板吊顶刷白

床头皮质硬包 ⊕ 墙纸 ⊕ 拼花木地板

石膏板吊顶暗藏灯带 ⊕ 墙纸 ⊕ 实木护墙板

窗帘是美式风格中非常重要的装饰部分。美式风格的窗帘布艺在选材上十分广泛，印花布、手工纺织的麻织物，都是很好的选择。在窗帘的图案纹饰上可以选择雄鹰、植物茎叶等图案。

Tips

大气典雅的窗帘很适合运用在美式风格的卧室空间中，丰富的图案以及选材，不仅营造出了自然、温馨的家居气息，而且还能让空间呈现出更加多元化的视觉效果。

白色护墙板 ● 墙纸

彩色乳胶漆 ● 百叶推拉门

竖条纹墙纸 ● 床头铆钉装饰布艺硬包

石膏板吊顶暗藏灯带 ● 墙纸 ● 白色护墙板

简化墙面造型提升美式家居现代感

现代美式风格相对于传统的美式风格来说，墙面的造型会更加简单，通常不会设计任何造型，以简单的线条和造型表达出了现在美式风格的简约与随性。在色彩上，通常会在整个空间涂刷淡雅的色彩，以提升现代美式家居的时尚现代感。

石膏板吊顶 ⊕ 墙纸 ⊕ 石膏罗马柱

质感漆墙面 ⊕ 拼花木地板

白色护墙板 ⊕ 墙纸

墙纸 ⊕ 拼花木地板

石膏板吊顶 ⊕ 彩色乳胶漆 ⊕ 装饰挂画

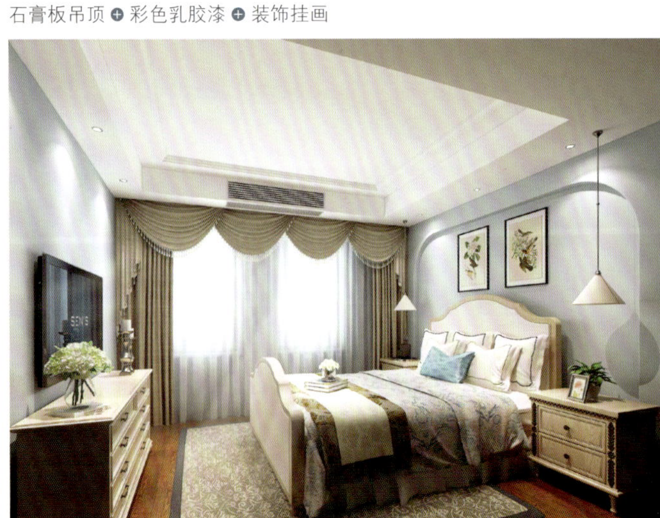

杉木板吊顶 ⊕ 墙纸

墙纸 ⊕ 白色护墙板 ⊕ 墙面搁板

杉木板吊顶 ⊕ 白色护墙板 ⊕ 拼花木地板

设计 Design

现代美式风格卧室的色彩搭配相对于传统美式风格来说更加丰富且年轻化。亮丽而又大方的配色是年轻人所钟爱的选择，而且能让卧室空间显得更为大方、时尚。

Tips

点缀少量表现力强的颜色，能为卧室空间增添几分清爽与活力，并带来别具一格的装饰效果。需要注意的是点缀色的运用应少而精，以免造成喧宾夺主的凌乱感。

Decorate 装修课堂 classroom

美式护墙板彰显自然怀旧美感

护墙板是美式风格家居空间最为常用的墙面装饰材质。美式风格的护墙板一般以传统深色的原木制作。原木材质不仅软硬适中，而且触感温和，能够为美式风格的家居空间营造出温馨的生活氛围。美式风格空间所运用的护墙板一般以深棕色为主，其表达的是美式风格自然怀旧的空间特征。

床头皮质硬包 ⊕ 拼花木地板

彩色乳胶漆 ⊕ 床头皮质软包

石膏板吊顶暗藏灯带 ⊕ 墙纸

石膏板挂边 ⊕ 彩色乳胶漆

设计汇 Design

在美式乡村风格的卧室里，金属元素的运用往往能为空间增色不少，同时还衬托了美式乡村风格自然恬淡的气质。卧室空间的金属元素一般运用在灯饰以及软装饰品上居多。

Tips

需要注意的是，金属材质容易生锈，因此可以做些预防措施，比如避免长时间处于潮湿环境，同时还应尽量避免阳光直射，否则容易发生氧化导致表皮脱落，进而影响铁艺制品的使用年限。

石膏板吊顶暗藏灯带 ● 墙纸 ● 照片墙

杉木板吊顶刷白 ● 装饰木梁 ● 彩色乳胶漆

石膏顶角线 ● 墙纸 ● 装饰挂画

杉木板吊顶刷白 ● 床头皮质软包

杉木板吊顶刷白 ⊕ 墙纸 ⊕ 拼花木地板

赋予深厚内涵的美式仿古地板

仿古地板是木质地板的表面用艺术形式加工而成具有古典风格的地板。严格意义上说，仿古地板不属于任何一种地板类型，它是地板的一种表现形式，具有艺术风格和性质。美式仿古地板、色调古朴、纹理清晰，其表面不是光滑平整的，而是像经过了很多年岁月的洗涤，其能烘托出美式家居浓郁的历史感和深厚的文化内涵。

杉木板吊顶 ⊕ 墙纸 ⊕ 木质罗马柱

灰色护墙板 ⊕ 杉木板吊顶刷白

石膏板吊顶 ⊕ 墙纸 ⊕ 白色护墙板

石膏板挂边 ⊕ 墙纸

石膏板挂边 ⊕ 彩色乳胶漆

设计 Design

为了呈现回归自然的家居装饰理念，美式风格的空间往往会采用大量源于自然界的原始材料，以打造出休闲清新的家居环境。比如在空间里加入装饰木梁的设计，可以让空间的层次感表现得更为丰富，同时彰显出一种内敛富贵的气息。

Tips

为设计装饰木梁的空间搭配一盏造型别致的顶灯，让光影散落在装饰木梁上，完美地提升顶面空间的装饰层次。

墙纸 ◉ 石膏板吊顶

石膏板挂边 ◉ 墙纸 ◉ 装饰挂画

石膏板挂边 ◉ 彩色乳胶漆 ◉ 仿古砖地面

Decorate 装修课堂 classroom

美式铁艺灯营造典雅浪漫家居氛围

铁艺灯具是美式风格家居中经常运用到的灯饰。美式铁艺灯的主体是由铁和树脂两个部分组成的，铁制的骨架能使它的稳定性更好，树脂能使它的造型多样化，同时还能起到耐腐蚀、不导电的作用。美式铁艺灯的灯罩大部分都是手工描绘的，色彩以暖色调为主，散发出温馨柔和的光线，完美地衬托出了美式风格的典雅与浪漫。

白色护墙板 ⊕ 花鸟图案墙纸 ⊕ 拼花木地板

杉木板吊顶 ⊕ 金箔 ⊕ 床头布艺软包

石膏板吊顶暗藏灯带 ⊕ 床头布艺硬包

床头布艺软包 ⊕ 拼花木地板

设计 Design

美式风格的空间偏爱搭配自然色的乳胶漆，尤其偏爱暖色调的乳胶漆，比如在墙面涂刷米色的乳胶漆可以营造自然清新的气息，同时也提升了整个家居空间的舒适度。如再搭配一盏铁艺吊灯，还可以为卧室空间营造出优雅静谧的氛围。

Tips

在涂以暖色乳胶漆的美式风格空间里，搭配黑漆铁艺的工艺品、家具等元素，不仅可以增添空间的时尚感，而且能提升卧室空间沉稳温馨的气质。

石膏板吊顶暗藏灯带 ● 墙纸 ● 白色木饰面板

石膏板装饰梁 ● 床头皮质软包 ● 墙纸

墙纸 ● 白色护墙板

杉木板吊顶套色 ● 墙纸 ● 实木护墙板

Decorate 装修课堂 classroom

古典家具营造复古文艺气质

在传统的美式风格家居空间中，往往会使用大量让人感觉笨重，而且颜色较深的实木家具，使家具风格偏向古典欧式。在色彩的运用以及工艺的处理上，尽显沧桑岁月的同时，也保有稳重大气的特点，并且以幽深的颜色突显出古典美式的优雅与庄重。此外还会适当地使用雕刻做旧的工艺手法，以突显复古唯美的感觉。

杉木板吊顶刷白 ⊕ 墙纸 ⊕ 金属线条装饰框

墙纸 ⊕ 床头皮质软包

石膏板吊顶 ⊕ 彩色乳胶漆

白色护墙板 ⊕ 墙纸 ⊕ 木线条装饰框

墙纸 ⊕ 白色护墙板

木质造型吊顶 ⊕ 床头布艺软包 ⊕ 实木护墙板

石膏板吊顶 ⊕ 墙纸

床头皮质软包 ⊕ 拼花木地板

硅藻泥墙面 ⊕ 墙纸

Decorate 装修课堂 classroom

布艺家具营造自然舒适家居氛围

布艺家具是美式乡村风格中使用较多的一种空间元素，布艺的天然感和美式乡村风格的空间特质能很好地协调统一。美式布艺家居其本色通常以棉麻为主流，搭配各种繁复的花卉植物、靓丽的异域风情以及鲜活的鸟虫鱼图案，极具大自然气息，而且非常舒适和随意。

实木护墙板 ⊕ 床头皮质软包 ⊕ 拼花木地板

杉木板吊顶套色 ⊕ 床头布艺软包 ⊕ 实木护墙板

白色护墙板 ⊕ 墙纸 ⊕ 拼花木地板

墙纸 ⊕ 床头皮质软包

墙纸 ⊕ 装饰挂画

石膏板吊顶 ⊕ 墙纸 ⊕ 装饰挂画

石膏板挂边 ⊕ 彩色乳胶漆

石膏板吊顶暗藏灯带 ⊕ 百叶造型隔断 ⊕ 拼花木地板

Decorate 装修课堂 classroom

美式风格的花器搭配技巧

花艺是美式风格家居不可或缺的装饰搭配，为花艺搭配合适的花器往往能带来事半功倍的装饰效果。美式风格花器在材质的选择上较为广泛，常见的有陶瓷、金属、玻璃、木质等材质，此外，做旧的铁艺花器，可以给家居增添艺术气息和怀旧情怀。在美式家居中布置花艺时，要根据不同的功能区和不同的设计风格搭配合适的花器。

石膏板吊顶 ⊕ 墙纸 ⊕ 白色护墙板

石膏板吊顶暗藏灯带 ⊕ 墙纸 ⊕ 拼花木地板

墙纸 ⊕ 白色护墙板 ⊕ 拼花木地板

床头布艺软包 ⊕ 不锈钢线条装饰框 ⊕ 拼花木地板

木线条装饰框 ⊕ 硅藻泥墙面

石膏板吊顶 ⊕ 彩色乳胶漆

床头布艺软包 ⊕ 墙纸 ⊕ 白色护墙板

杉木板吊顶 ⊕ 墙纸 ⊕ 木质护墙板

白色护墙板 ● 墙纸 ● 装饰挂画

石膏板吊顶暗藏灯带 ● 墙纸 ● 白色护墙板

花鸟图案墙纸 ● 拼花木地板

卧室如果不想设主灯，可以考虑把灯设置在吊顶内部，这样做不仅能满足卧室空间的照明需求，而且见光不见灯的设计形式，能完美地烘托出卧室空间的柔和氛围，形成更易于睡眠的环境。

Tips

卧室顶面的无主灯的设计值得借鉴，但要考虑到卧室空间的照明需要。因此可以在卧室顶部设置隐形光带以及在周围搭配点光源，以形成系统性的光照形式。

墙纸 ● 拼花木地板

石膏板吊顶暗藏灯带 ● 花鸟图案墙纸

石膏板吊顶 ● 墙纸 ● 装饰挂画

石膏板挂边 ⊕ 床头皮质软包 ⊕ 墙纸

石膏板挂边 ⊕ 彩色乳胶漆

床头布艺硬包 ⊕ 白色护墙板 ⊕ 墙纸

木质护墙板 ⊕ 石膏板迭级吊顶

书房

HOME 美式风格

Decorate

装修课堂

classroom

美式书房饰品搭配技巧

美式风格的书房空间应以轻松安静为设计主题，在搭配饰品时，要表达出美式风格的怀旧风情，因此可以选择一些做旧风格的工艺饰品，如仿旧的陶瓷摆件、挂画、旧物件、老照片等。此外，还可以搭配适量具有美式文化内涵的收藏品作为重点装饰。

墙纸 ● 金属线条装饰框 ● 白色护墙板

定制书柜 ● 艺术吊灯

组合式收纳柜 ● 实木地板

牛皮地毯 ● 实木定制书柜

满墙定制书柜 ● 墙纸贴顶

设计 Design

现代美式风格的书房空间，配色简洁大方，而且整体空间的线条都趋向于简洁的直线，其制造出了直白舒适的空间氛围。而且在没有过多繁杂元素干扰的空间里，还能提升学习和工作的效率。

Tips

在简洁的书房空间点缀以少量具有特色的装饰元素，不仅能增加空间的装饰艺术特色，而且还强化了美式书房空间所呈现出来的别样美感。

设计 Design

有些中小户型的美式风格家居，由于面积有限没有单独的房间作为书房使用，只能在卧室或客厅规划出一块区域作为工作学习的空间。对于开放式书房地设计，应充分合理地利用每一寸空间，而且在软装搭配上要力求做到少而精、小而全。

Tips

开放式书房的位置应尽量选择在采光效果较好的地方，如靠近窗户的区域，或者增加人工光源以满足书房区域的照明需求。此外在选择空调时，要把书房区域的能耗也算在里面。

Decorate 装修课堂 classroom

富有时代特征的美式铜艺灯

美式铜灯是指以铜作为主要材料的灯具，包括紫铜和黄铜两种材质，铜灯的流行主要是因为其有质感、美观的特点，而且一盏优质的铜灯是具有收藏价值的。美式风格化繁为简的制作工艺，使得美式铜艺灯看起来更具有时代特征。

石膏板造型 ⊕ 墙纸

彩色乳胶漆 ⊕ 装饰挂画

装饰木梁 ⊕ 麋鹿头墙饰 ⊕ 拼花木地板

彩色乳胶漆 ⊕ 木质护墙板

设计 Design

将书桌靠墙设立，不仅显得简约大方，而且相对书桌在中间的布置更节约空间，桌面上部空间的书柜设计也增加了储物量。

质感漆墙面 ⊕ 木质踢脚线 ⊕ 木地板拼花

Tips

如果家中的书房使用的人比较多，或者房屋主人的爱好比较广泛，需要利用桌面做各种活动的话，建议书房的布置参考本案的形式。沿墙设计书桌，台面上也可以用来做各种手工操作。

石膏板吊顶暗藏灯带 ⊕ 仿石材地砖夹深色小砖斜铺

彩色乳胶漆 ⊕ 装饰挂盘

设计 Design

现代美式风格的书房空间，选择浅色调的书柜与深色的木地板和书桌搭配，形成了对比，增添了书房空间的层次感。墙纸与墙面挂画的搭配非常和谐，从而为书房空间奠定了清新的基调。

Tips

在选择书房家具的时候，可以在硬装中挑选出一种颜色与其形成对比，这样不仅能丰富空间里的色彩层次感，而且还能跳脱出传统书房刻板生硬的配色形式。

装饰木梁 ⊕ 实木护墙板

装饰木梁 ⊕ 装饰挂画

墙纸贴顶 ⊕ 玻化砖夹黑色小砖斜铺 ⊕ 波打线

墙纸 ⊕ 彩绘玻璃柜门

设计 Design

在美式风格的书房空间中，可以采用壁灯作为辅助照明。将其安装在装饰画或者装饰摆件的上方，既有了照明功能，又提高了饰品的装饰效果。

Tips

将壁灯安装在装饰画的上方，不仅取代了射灯，给装饰画一个重点照明，而且也在一定程度上满足了书房的照明需求。此外，在壁灯的选择上应尽量考虑灯头朝下的款式。

大理石壁炉 ◆ 墙纸

墙纸 ◆ 定制书柜

彩色乳胶漆 ◆ 墙面柜

设计 Design

在美式风格中，如果书房的空间有限，那么书桌的功能应以方便工作，容易找到经常使用的物品等实用功能为主。而且简约的书桌造型，还不易分散人在学习或工作时的注意力。

彩色乳胶漆 ● 墙纸 ● 仿古八角砖

玻璃隔断 ● 拼花木地板

杉木板吊顶刷白 ● 彩色乳胶漆 ● 定制书柜

Tips

一般书桌的宽度在 55~70 cm，高度在 75~85 cm 比较合适。但如果书桌做了抽屉，那么地面离抽屉不能小于 58 cm，否则会影响到使用舒适度。

设计 Design

美式风格书房家具和饰品的颜色可以与墙面保持一致，还可以在空间里的其他区域点缀一些和谐且亮眼的色彩，如在书柜里放置小工艺品以及在墙面上搭配装饰挂画等，这样的搭配可打破书房空间的单调环境。

Tips

由于书房是用于学习工作的地方，因此在色差搭配上应避免强烈刺激的视觉冲击，宜多用明亮的无彩色或灰棕色等中性颜色，以营造舒缓安静的书房氛围。

墙纸 ⊕ 石膏顶角线

大理石壁炉 ⊕ 白色护墙板

定制书柜 ⊕ 拼花木地板

设计 Design

美式风格的书房空间，干练硬朗的直线让空间显得极为有条理；色彩沉稳厚重的家具则彰显出了美式风格的大气与高贵；简洁但富有质感的装饰品丰富了空间表情；轻与重之间的合理搭配让美式风格的书房空间更富有品质。

Tips

在书房空间搭配适当的装饰品作为点缀，不仅能点亮空间色彩，同时也增加了空间的主题性。需要注意的是，书房饰品的选择应符合整体空间的装饰风格，以免形成突兀的视觉观感。

彩色乳胶漆 ● 双人书桌

定制书柜

木质顶角线 ● 牛皮地毯

休闲区

HOME 美式风格

天然石材营造温馨舒适的家居氛围

天然石材具有古朴优雅、自然清新的装饰效果，美式风格给人的印象总是浓重的色调、华贵的家具，以及对于历史感的执着。其实，美式风格也常选用天然石材等自然材质，体现着对自然家居及生活方式的追崇。天然石材的搭配运用，让美式风格的家居环境在保留经典元素的同时，显得更加温馨舒适。

装饰木梁 ● 仿古八角砖

装饰木梁 ● 墙纸 ● 文化石墙面

质感漆墙面 ● 仿古砖地面

石膏板吊顶暗藏灯带 ● 硅藻泥墙面 ● 绿植装饰

设计 Design

在很多别墅和公寓的顶层通常会有一个20平方米左右的大露台。可以将其利用起来，变成功能型的阳光房，而且还可以作为一个看书、休闲、娱乐的好地方。玻璃天窗不仅能够防尘防雨，而且也具有良好的采光效果。

Tips

在露台阳光房里摆放茶几、椅子、秋千吊椅等饱含休闲气质的家具，营造出了悠然自得的情绪。大面积绿植花艺的搭配则表现出对于自然的向往与寄托。

墙纸 ⊕ 装饰挂画

文化石墙面 ⊕ 仿古砖地面 ⊕ 装饰木梁

石膏板吊顶 ⊕ 仿石材地砖 ⊕ 树枝形吧台吊灯

装饰地图发掘美式软装搭配新航线

将地图“搬”到墙面作为空间装饰，不仅能让背景墙呈现出不落俗套的装饰效果，而且还可以制造出让人眼前一亮的视觉焦点，虽然仅仅只占据了墙面一点空间，但装饰效果却极为突出。在美式风格的家居中常常会搭配使用一些复古且富有质感的装饰元素。结合欧洲和美洲的地图，呈现出如同哥伦布发现新航线的整体装饰效果，同时也很好地起到了调和空间色彩的作用。

石膏板吊顶暗藏灯带 ⊕ 彩色乳胶漆 ⊕ 大理石壁炉

文化石背景墙 ⊕ 质感漆墙面 ⊕ 石膏板装饰梁

墙纸贴顶 ⊕ 拼花木地板

墙纸 ⊕ 照片墙

设计 Design

能在家中设计一个台球室是很多人的梦想。要注意在设计台球室时，一定要保证有足够的空间，球桌四周最好留有 2 m 的距离，这样弯身打球时球杆才不会碰触到墙面。

Tips

在家居中设计台球室时，要根据户型面积的实际情况，如果空间有限，球桌可以选择相对小一些的美式九球桌。这样既节约了空间，同时娱乐效果也丝毫不会打折。

杉木板吊顶刷白 ● 彩色乳胶漆墙面 ● 防腐木地板

彩色乳胶漆 ● 照片墙 ● 矮柜

质感漆墙面 ● 仿古八角砖

石膏板装饰梁 ● 墙纸 ● 石膏罗马柱

石膏浮雕 ● 米黄石材墙面

白色护墙板 ● 实木地板

文化石壁炉 ● 彩色乳胶漆

Design

在美式风格中，吧台既可作为隔断，又可以作为一个迷你型的小休闲空间。而且将厨房与吧台完美结合，是整个美式家居设计中独特的风景线。

Tips

美式风格的吧台多以实木材质设计，复古大气的造型，搭配上精致讲究的吧台椅，彰显出了居室主人对生活品质的追求。

石膏板吊顶 ⊕ 文化石墙面 ⊕ 定制书柜

灰色乳胶漆 ⊕ 定制书柜

硅藻泥墙面 ⊕ 透光云石吧台

装饰木梁 ⊕ 仿古砖地面

Decorate 装修课堂 classroom

美式风格中的白头海雕装饰元素

白头海雕因为体态威武雄健，又是北美洲的特产物种，因而深受美国人民的喜爱，并将其选定为美国的国鸟。白头海雕还代表着勇猛、力量和胜利，这一象征爱国主义的元素被广泛地用于美式风格的家居装饰中，比如装饰画或者雕塑作品中都常见白头海雕的身影。

麋鹿头墙饰 ⊕ 仿古八角砖⊕ 马赛克波打线

石膏板吊顶暗藏灯带 ⊕ 硅藻泥墙面

定制书柜 ⊕ 仿古砖夹黑色小砖斜铺

装饰木梁 ⊕ 照片墙

石膏浮雕 ⊕ 仿石材地砖

实木护墙板 ⊕ 墙纸

设计 Design

视听间的设置在美式风格的家居中越来越常见，合理专业的设计，能让家居视听间呈现出影院级别的视听效果。但如何组建符合自己要求的高品质视听间，并不是一件很容易的事情，在环环相扣的视听间系统中，不论在哪一方面存在短缺，其效果都会有些偏差。

Tips

视听间的装修对电源的要求较高，最好直接从进户线单独牵几条电线。电源箱里的布线是进线与出线分开走，并按走向及电流大小分开、矩形固定，分别用线卡卡好。此外，各种线材的质量要力求过硬，以满足 20 年正常使用为底线，以免今后因线材的维修而对墙体或地板造成破坏。

石膏板吊顶 ⊕ 仿古砖地面

石膏板吊顶 ⊕ 装饰挂画 ⊕ 仿古砖地面

文化砖装饰壁炉 ⊕ 硅藻泥墙面

对称而中正的布局，让美式风格休闲区的总体格局显得更为大气严谨，台灯、抱枕以及电视背景墙柜上装饰品的陈设，则让对称的布局得到了加强。此外，绿植、暗藏灯的使用，不仅缓和了过于严肃的空间感，而且还带来了自然温馨的感觉。

Tips

对称的布局形式不仅可以从格局的设计以及家具的摆放上实现，装饰品摆件、灯饰的搭配同样可以制造出中正对称的空间美感，而且还能让整体空间显得更为饱满。

石膏板吊顶暗藏灯带 ● 硅藻泥墙面

装饰木梁 ● 仿古八角砖

石膏浮雕 ● 马赛克墙面

餐厅

HOME 美式风格

Decorate 装修课堂 classroom

美式风格的餐厅设计技巧

在美式风格中，由于厨房是开放式的设计，因此餐厅也是厨房设计的一个部分。在设计餐厅时其风格、材料以及布局形式，都要尽量与厨房的设计保持统一。美式风格的餐桌椅，常以皮质、木质、布艺、石材等材质进行搭配设计，呈现出多元、自然的美感。

墙纸 ⊕ 仿古砖 ⊕ 花砖波打线

彩色乳胶漆 ⊕ 白色木线条装饰框 ⊕ 仿古砖斜铺

硅藻泥墙面 ⊕ 仿古砖地面 ⊕ 花砖波打线

设计 Design

美式风格的餐厅设计追求的不是风格元素的堆砌。将清新自然的墙纸与空间里的木色做对比，视觉效果醒目且强烈，而且自然韵味十足。餐椅的软包设计是空间里的视觉焦点，不但点缀了餐厅整体的色调，又非常巧妙柔和了空间里生硬的气息。

Tips

美式风格软包餐椅的内部框架采用优质实木打造，结实耐用。此外，软包餐椅的设计角度依照人体工程学设计，很好地提升了餐椅的使用舒适度。

杉木板贴顶刷白 ⊕ 装饰挂画 ⊕ 仿古砖夹小花地面

石膏板吊顶暗藏灯带 ⊕ 彩色乳胶漆 ⊕ 墙面搁板

石膏板吊顶 ⊕ 墙纸 ⊕ 仿古砖地面

石膏板吊顶暗藏灯带 ● 拼花地砖 ● 花砖波打线

壁龛造型 ● 彩色乳胶漆

石膏板吊顶暗藏灯带 ● 仿石材地砖 ● 波打线

设计 Design

美式风格的餐厅空间舒适自然，没有过多矫揉造作的装饰，而且讲究氛围的休闲和随意。因此，在餐桌的摆饰上可以布置得随意自然，烛台、小绿植以及简单的小摆件等都可以作为点缀装饰。

Tips

美式风格在餐具的选择上没有严格要求一定是成套的，因此可以随意搭配，但应注意不要过于跳脱，随意而和谐的餐具搭配能给人温馨而又放松的感觉，让人食欲倍增。

石膏板吊顶暗藏灯带 ● 拼花地砖

石膏板吊顶 ● 仿石材地砖 ● 波打线

石膏板装饰梁 ● 大理石壁炉 ● 仿古八角砖

石膏板吊顶 ● 墙纸 ● 白色护墙板

石膏板装饰梁 ● 彩色乳胶漆 ● 文化砖墙面

墙纸 ● 实木护墙板

设计 Design

美式风格的餐厅墙面不需要太多的装饰，在色彩上进行搭配往往能达到很好的装饰效果，可以采用与其他功能区的同色系的搭配，可以让家居的整体视觉效果更为和谐舒适。此外，也可以点缀适当的对比色，以增强视觉冲击力。

彩色乳胶漆 ⊕ 白色护墙板 ⊕ 拼花地砖

彩色乳胶漆 ⊕ 照片墙 ⊕ 仿古八角砖

石膏板装饰梁 ⊕ 仿石材地砖 ⊕ 波打线

Tips

餐厅空间如果采用暖色的彩漆墙面，能够带来温暖和谐的感觉，而且能够与餐厅中的其他装饰元素形成鲜明的对比，从而打造出独具一格的装饰效果。

石膏板吊顶暗藏灯带 ⊕ 仿古八角砖

石膏板吊顶 ⊕ 定制餐边柜

设计 Design

美式风格的餐厅不一定要搭配常规的餐桌椅，也可以设计卡座代替餐椅，卡座不仅能提升餐厅的收纳能力，而且还可以增加餐厅的休闲氛围。

Tips

如果餐厅空间较小，可以采用卡座来替代餐椅，这样不但节约空间，同时可以容纳更多的人，很适合休闲氛围比较浓的美式风格。如果家中的储藏空间有限，卡座下的空间还可以用来储物。

花鸟图案墙纸 ⊕ 彩色乳胶漆 ⊕ 石膏板吊顶

石膏板吊顶 ⊕ 灰色乳胶漆

墙纸 ⊕ 白色护墙板

石膏板吊顶 ● 花鸟图案墙纸 ● 石膏罗马柱

石膏板吊顶暗藏灯带 ● 墙纸 ● 白色木线条装饰框

彩色乳胶漆 ● 仿古砖斜铺

设计 Design

美式风格的餐厅墙面不仅可以采用装饰画作为装饰，同时还可以采用挂盘装饰。独特的立体感以及曼妙的花纹，能将美式风格的餐厅空间点缀得别具一格。

杉木板吊顶套色 ⊕ 墙纸 ⊕ 照片墙

Tips

将别致的盘子挂在墙上作为餐厅墙面的装饰，不仅装饰效果立体美观，而且还赋予了餐厅墙面装饰独特的生命力。

杉木板吊顶套色 ⊕ 彩色乳胶漆 ⊕ 仿古砖地面勾白缝

Decorate 装修课堂 classroom

绿色系搭配营造美式自然风情

美式乡村风格追求质朴而实用的色彩搭配效果，而且极具自然风情，其常在家居环境中搭配大量的绿色，以营造盎然的生机。绿色是富有生命力的颜色，无论是将其运用在家居中的硬装还是软装上，都能够将空间的自然情怀展现得淋漓尽致。

定制餐边柜 ⊕ 墙纸 ⊕ 拼花地砖

彩色乳胶漆 ⊕ 仿古砖地面 ⊕ 波打线

彩色乳胶漆 ⊕ 定制餐边柜

石膏板吊顶暗藏灯带 ⊕ 墙纸 ⊕ 仿石材地砖

石膏板装饰梁 ⊕ 仿古八角砖 ⊕ 波打线

设计 Design

在美式风格中，开放式的厨房和餐厅之间采用与橱柜台面材质相同、高度不同的小吧台作为分隔，这样做不仅能增加家庭空间的实用性，而且还能提升家居装饰的小资情调。

石膏板挂边 ⊕ 定制餐边柜 ⊕ 哑光砖地面

墙纸 ⊕ 仿石材地砖 ⊕ 波打线

Tips

在家居设置吧台，以休闲为主的同时又要兼顾到储物功能。由于考虑到内嵌的储物柜关系着吧椅使用时的舒适性，因此，一般情况下建议内凹20cm比较合适。

装饰木梁 ⊕ 玻化砖 ⊕ 波打线

杉木板吊顶刷白 ⊕ 装饰木梁 ⊕ 仿古砖地面

彩色乳胶漆 ⊕ 白色护墙板 ⊕ 石膏板吊顶

石膏板吊顶暗藏灯带 ⊕ 仿古砖地面 ⊕ 花砖波打线

设计 Design

现代美式风格餐厅硬装的色调可以朴素一点，但在软装的色彩搭配上却可以相对大胆一些，比如，餐椅的颜色可以丰富一点，同时与空间里的部分装饰颜色相呼应。餐边柜上亮眼的玫瑰花则起到了画龙点睛的作用。

Tips

整体素雅的基调，可以选择少量亮色软装饰品作为点缀，最后再用一种对比色或者和谐色来做点睛，能带来极为震撼的色彩搭配效果。

石膏顶角线 ⊕ 墙纸

墙纸 ⊕ 木饰面板装饰框刷白 ⊕ 玻化砖夹黑色小砖斜铺

彩色乳胶漆 ⊕ 白色木线条装饰框

Decorate 装修课堂 classroom

美式风格家具的设计要点

美式风格的家具通常色彩会较为低沉，呈现出一种岁月流逝的沧桑感。此外还常用一些未经打磨的木材作为家具的材质，有着自然随意的气质。木质家具在美式风格中极为常见，并且常会保留木质的天然质感和木纹，还常在家具上点缀经过简化后的雕刻和装饰，使之呈现出典雅而又大方的独特美感。

花鸟图案墙纸 ⊕ 大理石线条收口 ⊕ 双层波打线

硅藻泥墙面 ⊕ 石膏板吊顶

玻化砖斜铺 ⊕ 波打线 ⊕ 麋鹿头墙饰

Design

如果喜欢原木色装修，可以在美式风格的餐厅大量运用原木材质，同时餐桌也可以选用同样的木色。如果觉得整体色调太过厚重，则可以通过软装饰品进行调节。调节软装饰品不仅能使沉闷的餐厅空间活跃起来，而且还能保持沉稳大气的餐厅氛围。

金箔贴顶 ⊕ 墙纸 ⊕ 装饰挂盘

Tips

软装的点缀不仅只在后期的饰品搭配上，家具、布艺的颜色和材质对整体空间氛围的营造都能起到至关重要的作用。同样的硬装基础，搭配不同的软装也可以达到意想不到的装饰效果。

石膏板吊顶 ⊕ 墙纸 ⊕ 木纹地砖

布艺软包墙面 ⊕ 拼花地砖 ⊕ 波打线

墙纸 ⊕ 木饰面板装饰框 ⊕ 石膏板吊顶

彩色乳胶漆 ⊕ 装饰挂画 ⊕ 白色踢脚线

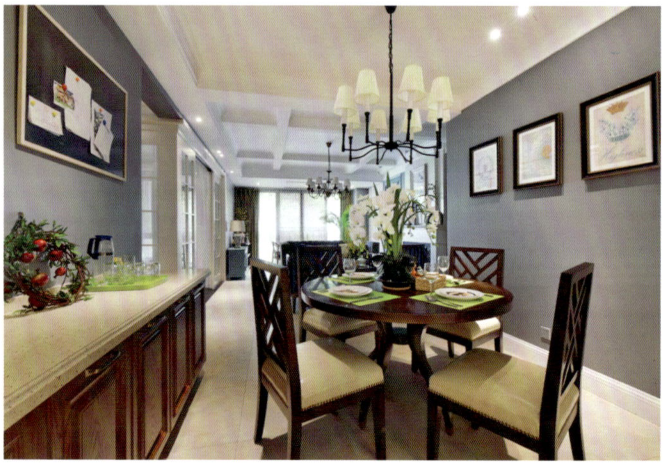

定制餐边柜 ⊕ 仿石材地砖

杉木板吊顶刷白 ⊕ 墙纸 ⊕ 仿石材地砖

嵌入式餐边柜 ⊕ 仿古砖地面

设计Design

美式乡村风格餐厅空间的顶面虽然可以运用装饰木梁，但不宜整个顶面都采用深色的木质材料，以免造成顶面空间和餐桌的比重失衡。

杉木板吊顶刷白 ⊕ 装饰木梁 ⊕ 硅藻泥墙面

彩色乳胶漆 ⊕ 仿古八角砖

石膏板吊顶 ⊕ 仿古砖地面

Tips

在家具采用全深色的情况下，顶面的处理也应尽量厚重些。此外，如果层高条件允许，还可以在主灯具的选择上下功夫，让顶部与地面的视觉比重尽量平衡。

Decorate 装修课堂 classroom

兼具实用与装饰效果的吊扇灯

吊扇灯是美式风格家居中的经典灯饰之一，不仅具有照明的实用功能，而且其独特的外观设计也是非常美观的装饰。美式风格空间中，非常适合搭配造型复古的木叶吊扇灯。木叶吊扇灯从外形上就契合了美式风格自然轻松、温馨怀旧的特色，其除了装饰效果突出外，在材质上也比金属、塑料等更为环保，不管将其挂置在客厅还是餐厅空间，都能给人温馨和宁静的感觉。

杉木板吊顶刷白 ⊕ 彩色乳胶漆 ⊕ 木线条装饰框

石膏板吊顶暗藏灯带 ⊕ 仿古八角砖

白色护墙板 ⊕ 拼花地砖

彩色乳胶漆 ⊕ 杉木板吊顶刷白 ⊕ 仿古八角砖

文化石背景墙 ⊕ 硅藻泥墙面 ⊕ 密度板雕花刷白

设计 Design

吊扇灯是美式风格家居设计的经典要素之一，它既有实用性的照明作用，也有非常独特的外观设计。其中造型复古的木叶吊扇灯最合适美式风格空间，除了装饰效果突出之外，而且从材质角度上比金属、塑料等更环保。

Tips

由于木叶吊扇灯具有自然的气息，不管用在客厅或餐厅，都能让人感到放松、舒畅，给人温馨和宁静感，而且也体现出了美式风格尊崇自然的特点。

石膏板吊顶 ⊕ 玻化砖斜铺 ⊕ 双层波打线

石膏板吊顶暗藏灯带 ⊕ 墙纸 ⊕ 仿古砖勾白缝

杉木板吊顶刷白 ⊕ 白色护墙板 ⊕ 拼花木地板

杉木板吊顶刷白 ⊕ 仿古八角砖

石膏板吊顶 ⊕ 仿古八角砖 ⊕ 波打线

定制餐边柜 ⊕ 大理石踢脚线

设计 Design

餐厨一体式设计，在美式风格的家居中极为常见。对于美式风格来说，无论是大户型还是小户型，都很流行这种简约大方而且实用性强的设计方式。

Tips

餐厨一体化的设计形式，不仅弥补了厨房空间缺乏创新的缺点，而且还让厨房设计变得更加多姿多彩。此外，还能让家居空间显得更为完整统一。

彩色乳胶漆 ● 墙面搁板 ● 仿古八角砖

Decorate 装修课堂 classroom

具有象征意义的美式温莎椅

温莎椅起源于英国，后来一直流行于美国的家居装饰中。温莎椅是美国中产家庭的象征，后来被美国社会各阶层人士使用，也就成为美式风格的代表。美式温莎椅以其独特的优美形式展现出了美国式的设计理念、自信的姿态和精湛的工艺技术，它并不以烦琐的装饰来吸引人们的视线，因此其传达出了美式风格独立的设计精神。

照片墙 ● 玻化砖 ● 圆形波打线

彩色乳胶漆 ● 照片墙 ● 灰镜

艺术壁画 ● 拼花地砖

石膏板吊顶暗藏灯带 ● 仿石材地砖

石膏板挂边 ● 定制餐边柜

充满怀旧感的美式风格餐厅空间，浅淡并带有时代感的黄色，仿佛让人穿越时空回到了美国崛起时期的华盛顿时代，以及年轻时的峥嵘岁月。精致典雅的吊灯则将餐厅空间点缀得更为温馨。

白色护墙板 ● 墙纸 ● 玻璃移门

石膏板吊顶 ● 墙纸 ● 玻化砖斜铺

Tips

在美式餐厅的装修中，灯具的选择与搭配对于营造用餐氛围来说，有着至关重要的作用。美式风格的餐厅照明，应以营造温馨的用餐环境为主，因此不宜过亮。此外还可以搭配暗藏灯带以及其他灯饰的使用，让餐厅照明更为完整。

白色木线条装饰框 ● 花鸟图案墙纸

墙纸 ⊕ 实木护墙板

灰色乳胶漆 ⊕ 仿石材地砖

硅藻泥墙面 ⊕ 仿古砖 ⊕ 花砖波打线

石膏板吊顶暗藏灯带 ⊕ 墙纸 ⊕ 白色护墙板

白色护墙板 ⊕ 定制餐边柜 ⊕ 文化砖墙

厨卫

HOME 美式风格

Decorate 装修课堂 classroom

现代美式风格厨房的设计要点

现代美式风格的厨房通常会采用开放式的设计，并且会将电视机等提供娱乐的现代电子设备放置在厨房空间，将其打造成集烹饪、娱乐、用餐于一体的多功能厨房空间。此外，现代美式风格的厨房还非常注重实用性，因此常会在其间设计一个餐台或者岛台，这种设计不仅带来了实用功能，而且还非常美观大气。

灰色仿石材墙砖 ⊕ 米黄色墙砖

白色百叶门 ⊕ 大花白大理石 ⊕ 墙纸

仿古砖斜铺 ⊕ 马赛克腰线

墙纸 ⊕ 砖砌盥洗台

设计 Design

美式风格的厨房一般以开放式居多，由于厨房与餐厅连在一起，灯光的设置会较为复杂。明亮的灯光能烘托出佳肴的诱人色泽，因此开放式厨房其用餐区域的灯光照明，通常由餐桌正上方的主灯和一两盏辅灯组成。

Tips

开放式厨房的灯具风格与整体空间应协调一致，而且灯光色度要适中，以采用保持蔬菜水果原色的荧光灯为佳。此外，由于厨房油污比较重，从便于清洁以及节能上考虑，不需要安置太多的灯具。

彩色仿古砖墙面 ⊕ 装饰腰线

白色墙砖 ⊕ 仿古砖地面

杉木板吊顶刷白

灰色墙砖勾白缝 ⊕ 拼花地砖

白色墙砖 ⊕ 仿古砖地面 ⊕ 花砖波打线

白色墙砖 ⊕ 灰白色地砖混铺

仿古砖夹小花砖斜铺

集成吊顶 ⊕ 花砖墙面

设计 Design

吧台是美式风格家居中常见且实用的小角落，它不仅可以让人小酌放松，同时也可以作为空间划分的隔断，集实用与营造气氛等多种功能于一体。

Tips

在吧台区域除了能借助厨房以及餐厅的光源外，还可以为其搭配一盏简约风格的小吊灯，以别致的灯光照明营造出温馨时尚的小区域氛围。

仿古砖墙面 ⊕ 玻璃移门隔断

杉木板吊顶刷白 ⊕ 铁艺隔断 ⊕ 仿古砖地面

Decorate 装修课堂 classroom

仿古砖拼花营造典雅氛围

仿古砖拼花一般用于家居地面、墙面等区域的装饰，能为空间带来浪漫、典雅、精致的装饰效果，能提升家居空间的观赏性与艺术性。充满温馨典雅气息的美式风格空间，有着自然、复古、高雅的气质，利用仿古砖拼花作为其地面的装饰，能让整体空间的典雅气息更为浓郁，同时也增添了美式风格家居的古朴韵味。

仿古砖墙面勾白缝

仿古砖斜铺 ⊕ 花砖腰线

灰色墙砖 ⊕ 彩色乳胶漆 ⊕ 六角地砖

Design

美式风格的厨房以自由随意、简洁实用的厨具，或暗棕或土黄的配色著称。其风格简洁，用色单一，实用性强，易于营造温馨的厨房氛围。

Tips

美式风格的一大特色就是将厨房设计成开放式，其硬装一般以暖色系较为常见。墙面和地面都采用了仿古配色的搭配，在增加空间丰富性的同时也凸显了美式风格家居的品质。

木质护墙板 ⊕ 装饰挂画

大花白大理石墙面 ⊕ 仿石材地砖

仿古砖墙面勾白缝

定制橱柜 ● 做旧实木岛台

彩色乳胶漆 ● 浅蓝色墙砖

彩色乳胶漆 ● 铁艺隔断

悬挂式盥洗台 ● 玻璃隔断 ● 蓝色仿古砖墙面

设计 Design

木质、仿古砖、石材等是美式风格厨房最为常用的装饰材料。此外，还可以运用不同颜色的瓷砖将一面墙设计成马赛克形式，以增加厨房空间灵动活泼的气息。

多色仿古砖混铺 ⊕ 镜柜

仿古砖墙面 ⊕ 彩色仿古砖腰线

Tips

在美式风格的厨房空间中，橱柜的搭配以造型简洁、功能实用的实木橱柜为主，橱柜的门板一般是以实木门为主，此外，也常见仿木纹的模压门。

设计 Design

开放式厨房要保持一体式的风格设计，因此要考虑客厅、餐厅的家具与厨房家具的协调性，以确保厨房空间能完全地融入整体家居环境中。

Tips

由于开放式厨房和其他功能区是互通的，因此要特别注意油烟的处理问题。除了油烟机的设置外，还可以在厨房的顶面空间设置排风扇，这样就可以最大限度地减少油烟的扩散。

仿古砖墙面 ✚ 墙面金属搁架

条砖墙面 ✚ 马赛克腰线

设计 Design

具有复古风情的美式风格卫浴间，其用色以深色为首选，加上金属材质的搭配，让整个空间都散发着大气高雅的生活品质。古朴的洗手台，朴实优雅的外观，流露出温暖的气息。

彩色仿古砖墙面

白色墙砖＋仿古砖地面

Tips

复古的美式风格卫浴间常搭配暗棕色、土黄色等比较自然的色彩，而且还会大量地使用石材和木饰面作为装饰，这样做既有奢侈与贵气的气质，又有传统文化的怀旧氛围与艺术气息。

仿古砖斜铺 ● 花砖

仿古砖墙面 ● 玻璃移门隔断

多色仿古砖混铺墙面 ● 仿古八角砖地面

仿古砖墙面 ● 绿植装饰

木质顶角线 ● 多色仿古砖混铺地面

在美式风格卫浴间，可以搭配装饰画、布艺以及各种富有装饰效果的软装饰品，以达到软化空间的效果。此外，需要注意的是在卫浴间里搭配装饰品要控制其数量，以免造成小空间的拥堵感。

Tips

由于卫浴间通常使用的都是金属、镜面、瓷砖等让人感觉冰冷生硬的材质。因此在合适的区域搭配适量的软装饰品，能让卫浴间显得更加温馨舒适。

花砖背景墙 ⊕ 六角砖地面

彩色乳胶漆 ⊕ 仿古砖地面

设计 Design

如果是层高较高的美式风格卫浴间，可以考虑使用简洁造型的石膏板吊顶设计。需要注意的是，卫浴间的吊顶设计应该与其他功能区风格协调一致。

Tips

由于卫浴间的环境较为潮湿，因此在设计石膏板吊顶时，应选择具有防水性能的石膏板，以免吊顶发生霉变、脱落等情况。

仿古砖墙面 ● 仿古砖夹米黄色小砖斜铺

木质顶角线 ● 仿石材墙砖